Purshotham Katti
Abhinand Mr Amaresh
Dibu P K Mr Shekharprasad J N Rai

Captação de energia elétrica em A/C usando bateria de fibra de carbono

Purshotham Katti
Abhinand Mr Amaresh
Dibu P K Mr Shekharprasad J N Rai

Captação de energia elétrica em A/C usando bateria de fibra de carbono

ScienciaScripts

Imprint

Cover image: www.ingimage.com

This book is a translation from the original published under ISBN 978-620-8-16982-4.

Publisher:
Sciencia Scripts
is a trademark of
Dodo Books Indian Ocean Ltd. and OmniScriptum S.R.L publishing group

120 High Road, East Finchley, London, N2 9ED, United Kingdom
Str. Armeneasca 28/1, office 1, Chisinau MD-2012, Republic of Moldova, Europe
Printed at: see last page
ISBN: 978-620-8-27044-5

RECOLHA DE ENERGIA ELÉCTRICA EM AERONAVES, UTILIZANDO BATERIA DE FIBRA DE CARBONO

Por
Dr. Purshotham.P.Katti
Abhinand P
Amaresh
Dibu P K
Shekharprasad J N Rai

RESUMO

O conceito de recolha de energia eléctrica a bordo tem despertado um interesse renovado nas indústrias aeronáuticas. Neste contexto, é proposto um material piezoelétrico que capta a energia mecânica vibratória disponível em quantidade considerável nas vibrações das asas das aeronaves devido à turbulência. O material piezoelétrico embarcado, que é um conversor eletromecânico, quando substituído nos painéis das asas, sofre vibrações mecânicas e gera eletricidade. Um conversor estático transforma a energia eléctrica em baterias estruturais de fibra de carbono colocadas nos painéis das asas.

A eletrificação das aeronaves ainda não está implementada porque, para voar a longa distância, a eletricidade tem de ser armazenada em baterias a granel, o que aumenta o peso e também consome muito espaço da aeronave, o que é o principal problema na indústria da aviação. Estes dispositivos podem suportar cargas estruturais e, simultaneamente, armazenar energia eléctrica. Ao serem concebidos com suficiente eficiência estrutural e energética, estes materiais permitem reduções significativas de peso ao nível do sistema, substituindo os componentes metálicos e, ao mesmo tempo, fornecendo armazenamento de energia eléctrica para utilização numa aeronave. Para viabilizar este conceito, concebemos propriedades de suporte de carga mecânica diretamente nos eléctrodos e no eletrólito da bateria, de modo a que cada componente seja multifuncional. O tecido de fibra de carbono como material do ânodo, o fosfato de iões de lítio revestido de tecido de fibra de alumínio como material do cátodo e os electrólitos de polímeros em gel estão a ser desenvolvidos para apresentarem uma combinação desejável de resistência mecânica e desempenho eletroquímico. Estes componentes estão a ser integrados utilizando técnicas de processamento de compósitos moldáveis, escaláveis e económicas. Um protótipo de um sistema real é analisado para demonstrar os potenciais benefícios.

Índice

ABREVIATURA

PFC	Piezo Fabric composite
PVA	Poly vinyl alcohol
PMMA	Poly methyl metha acrylate
APU	Auxiliary power unit
UTL	Universal Tensile Load

NOMENCLATURA

$LiFePO_4$	Lithium iron phosphate
$LiPF_6$	Lithium hexa fluro phosphate

CAPÍTULO 1: INTRODUÇÃO

A importância da energia eléctrica nas operações das aeronaves não pode ser subestimada, uma vez que é crucial para a funcionalidade de vários subsistemas, incluindo os aviónicos, os controlos do cockpit e os sistemas de segurança, como a deteção de incêndios no motor. Atualmente, a energia eléctrica é produzida a bordo principalmente através da extração mecânica da turbina. Este processo implica a extração de energia da turbina, o que coloca vários desafios:

1. **Perdas de energia:** A extração mecânica de energia é frequentemente ineficiente devido às perdas associadas às engrenagens de redução. Esta ineficiência pode levar a que uma parte significativa da energia seja desperdiçada sob a forma de calor ou fricção, acabando por diminuir o rendimento global da turbina.

2. **Impacto no desempenho da turbina:** Quando a energia é desviada da turbina para alimentar o sistema elétrico, não só reduz a energia disponível para a carga eléctrica como também afecta a capacidade da turbina para acionar outros componentes críticos, como o compressor. Isso pode comprometer a eficiência geral do sistema de propulsão da aeronave.

Para enfrentar estes desafios, torna-se essencial o desenvolvimento de um dispositivo de recolha de energia. O objetivo deste dispositivo é aproveitar a energia que, de outra forma, se perde no ambiente, convertendo-a em energia eléctrica utilizável para os sistemas de bordo. Ao utilizar materiais piezoeléctricos como captadores de energia, as vibrações mecânicas geradas durante o voo podem ser transformadas em energia eléctrica. Os materiais piezoeléctricos têm a capacidade de gerar uma carga eléctrica quando sujeitos a tensão mecânica, o que os torna candidatos ideais para esta aplicação.

Vantagens da captação de energia piezoeléctrica:

- **Fonte de alimentação contínua**: A utilização de materiais piezoeléctricos permite a geração contínua de energia eléctrica a partir das vibrações sentidas pela aeronave, reduzindo a dependência das fontes de alimentação tradicionais finitas, como as baterias. Isto pode aumentar a fiabilidade e a eficiência dos sistemas de bordo.
- **Conversão limpa e eficiente**: A utilização de materiais piezoeléctricos para a captação de energia é uma abordagem amiga do ambiente, uma vez que se baseia no

aproveitamento da energia mecânica natural em vez de queimar combustível ou consumir recursos.

No entanto, o desafio do armazenamento de energia em aeronaves continua a ser significativo. Ao contrário dos sistemas de transporte terrestre, onde é possível acomodar sistemas de baterias maiores, as aeronaves têm de ter em conta as limitações de peso e espaço. Para ultrapassar estes desafios, são propostas fibras compósitas de carbono multifuncionais. Estes materiais podem servir dois objectivos: atuar como componentes estruturais da aeronave e funcionar como baterias.

Fibras compostas de carbono multifuncionais

- **Eficiência de peso e espaço**: Ao integrar as capacidades de armazenamento de energia nos componentes estruturais da aeronave, é possível minimizar a necessidade de baterias volumosas, que podem ser pesadas e consumir espaço valioso. A utilização de materiais compósitos ajuda a manter a integridade estrutural e, ao mesmo tempo, a acomodar as funcionalidades de armazenamento de energia.

- **Mecanismo de armazenamento de energia**: A energia eléctrica recolhida das vibrações das asas pode ser armazenada em painéis de baterias adjacentes, estrategicamente colocados na estrutura da asa. Esta disposição permite uma captação e armazenamento eficientes da energia durante o voo, bem como o seu carregamento durante as operações em terra, como por exemplo, a taxação.

- **Fuselagem como uma bateria gigante**: O projeto pode ser melhorado tratando toda a fuselagem como uma estrutura de bateria gigante. Ao integrar sistemas de captação de energia em toda a estrutura da aeronave, é possível maximizar a captação de energia durante o funcionamento e criar uma fonte de alimentação mais sustentável para vários subsistemas.

1.1 FORÇAS E VIBRAÇÕES QUE ACTUAM SOBRE A AERONAVE

Uma vez que os aviões são construídos com estruturas enormes, como as asas, os estabilizadores verticais, etc., que estão sujeitos a grandes cargas mecânicas durante os voos. Assim, é possível utilizar a energia produzida durante a vibração mecânica da asa do avião. A maior parte destas asas de avião são construídas com compósitos laminados. A quantidade de tensão a que a estrutura da aeronave está sujeita é imensa, o que faz com que a aeronave sofra cargas de vibração, utilizando esta tensão e implementando materiais piezoeléctricos para converter estas vibrações e forças em eletricidade útil.

A vibração das superfícies de elevação tem uma influência significativa nos parâmetros dinâmicos do avião. Por exemplo, na aviação comercial, as forças e momentos aerodinâmicos variáveis

que actuam no avião como efeito das vibrações estruturais, produzem cargas gravitacionais variáveis que reduzem o conforto da viagem. Estes factores agravam a concentração da tripulação e a fadiga dos passageiros.

Durante o voo, as cargas impostas à estrutura da asa actuam como preliminares sobre a pele. Na pele, as cargas são transmitidas para as nervuras e depois para as longarinas. A longarina suporta cargas distribuídas, bem como pesos concentrados, tais como a fuselagem, os trens de aterragem e a nacela.

Fig. 1.1: Vibração da asa de uma aeronave [1]

A raiz da asa está fixa à fuselagem, mas a ponta da asa pode sofrer torção na ponta devido às suas vigas em cantilever. O fluxo de ar sobre a asa cria sustentação, mas também cria um momento de torção. Um corpo mais comprido numa corrente de fluido quer posicionar-se perpendicularmente à corrente, e é por isso que precisamos do conjunto da cauda de um avião. Assim, a asa gostaria de se posicionar perpendicularmente à corrente livre; a ponta é torcida pela corrente e travada pela rigidez de torção da caixa da asa. A rigidez de torção e o amortecimento têm de ser suficientemente elevados para impedir que a construção dispare em excesso e, em seguida, seja puxada para trás e dispare em excesso.

Ao deslocar o centro de gravidade da asa para mais perto do centro de torção e ao aumentar a frequência da vibração, tornando a asa mais rígida e mais leve, também se pode fixar a velocidade máxima permitida abaixo da velocidade a que ocorre a vibração. É quase impossível controlar a vibração das asas das aeronaves devido à sua estrutura em cantilever e à turbulência ambiental.

É impossível eliminar completamente a vibração das peças da aeronave, mas podemos minimizar o efeito negativo que a vibração causa na estrutura utilizando amortecedores de vibração adicionais, como no caso em que estamos a utilizar a fibra de carbono multifuncional como amortecedores de vibração.

1.2 MATERIAIS PIEZOELÉCTRICOS

Os materiais piezoeléctricos pertencem a uma classe mais vasta de materiais denominados ferroeléctricos. Uma das caraterísticas que definem um material ferroelétrico é o facto de a estrutura molecular estar orientada de forma a que o material apresente uma separação local de cargas, conhecida como dipolo elétrico. Existem na forma natural mas, para obter as propriedades desejadas, são dopados com iões metálicos para aumentar a sua eficiência e, por vezes, são utilizados materiais piezoeléctricos artificiais, que são fabricados de acordo com as necessidades específicas. O efeito piezoelétrico existe em dois domínios: o primeiro é o efeito piezoelétrico direto, que descreve a capacidade do material para transformar a tensão mecânica em carga eléctrica; o segundo é o efeito inverso, que é a capacidade de converter um potencial elétrico aplicado em energia de tensão mecânica.

O efeito piezoelétrico direto é responsável pela capacidade de o material funcionar como sensor e o efeito piezoelétrico inverso é responsável pela sua capacidade de funcionar como atuador. Um material é considerado piezoelétrico quando tem a capacidade de transformar energia eléctrica em energia de deformação mecânica e de transformar igualmente energia de deformação mecânica em carga eléctrica.

Tabela 1.1 Diferentes tipos de materiais piezoeléctricos [3]

S.No	TYPE	MATERIAL
1.	Single Crystals	Quartz Lead Magnesium Niobate
2.	Ceramics	Lead Zirconate Titanate (PZT) Lead Metaniobate (LMN) Lead Titanate (LT)
3.	Polymers	Polyvinylenedifluoride (PVDF)
4.	Composite	Ceramic Polymer Ceramic Glass

1.2.1 PIEZOELECTRICIDADE/EFEITO PIEZOELÉCTRICO

O fenómeno da piezoeletricidade pode ser definido como a geração de energia eléctrica a partir de determinados materiais sólidos ou sais quando sobre eles actua uma tensão mecânica. É de salientar que o inverso deste conceito também é aplicável, ou seja, quando é fornecida energia eléctrica a um material piezoelétrico, esta resulta em tensão mecânica nesse material. Este fenómeno foi descoberto por Pierre e o seu irmão Curie em 1880.

Assim, se os materiais piezoeléctricos tiverem de ser implementados para aproveitar a energia eléctrica, então as fontes das vibrações e forças mecânicas devem ser naturais, ou devem ser produzidas por qualquer outro processo. Só assim será possível gerar e recolher energia eléctrica limpa sem perdas substanciais.

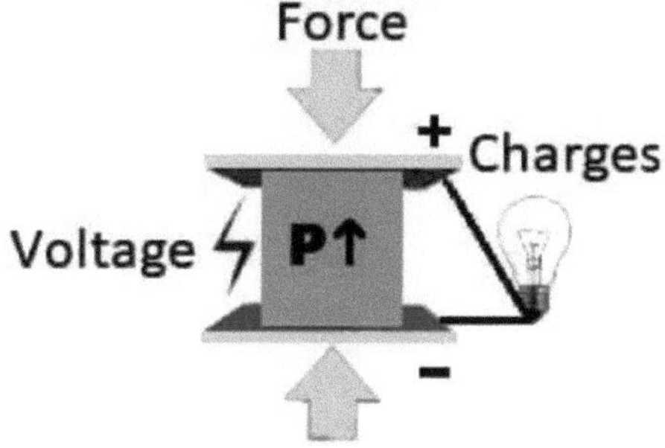

Fig. 1.2: Efeito piezoelétrico [3]

A estrutura da aeronave é uma fonte de enormes tensões mecânicas, o que equivale a uma grande quantidade de energia que é desperdiçada, não utilizada durante cada voo. Por isso, não seria má ideia tentar utilizar a energia mecânica, que é um subproduto do voo normal da aeronave, para ativar o material piezoelétrico e utilizar a eletricidade, assim gerada para fazer funcionar os vários componentes da aeronave que necessitam de eletricidade. Os materiais piezoeléctricos já são utilizados em muitas aeronaves para anular a tensão causada na estrutura da aeronave pelas rajadas de vento que actuam sobre a mesma. Os materiais compósitos de macrofibras piezoeléctricas são activados por meio de uma fonte de energia eléctrica que os ativa sob a influência da carga de rajada. Quando os materiais são activados, o conceito inverso de piezoeletricidade entra em cena e o caminho incorporado dos compósitos de macrofibras reduz a deformação.

Atualmente, o equilíbrio entre o peso e o armazenamento de energia é um compromisso entre os requisitos contraditórios de tornar o veículo mais eficiente em termos energéticos e de ter um longo alcance. Um caminho para reduzir o peso da aeronave e armazenar a mesma quantidade de energia é trocar a estrutura do veículo por baterias estruturais. As baterias estruturais são o material que armazena energia eléctrica enquanto faz parte da própria estrutura de transporte de carga.

Para cumprir o requisito de baixo peso e armazenamento de energia ao mesmo tempo, todas as diferentes partes da bateria estrutural devem trabalhar em conjunto. Verificou-se anteriormente que a fibra de carbono é um bom material como componente, uma vez que a fibra tem um bom desempenho no transporte de carga e, ao mesmo tempo, pode intercalar os iões de lítio da mesma forma que o elétrodo negativo numa bateria comercial de iões de lítio.

1.3 FIBRA DE CARBONO EM AERONAVES

A redução do peso das aeronaves tornou-se uma prioridade à medida que a indústria da aviação procura uma maior eficiência de combustível. A maior redução de peso nas aeronaves em geral tem sido a utilização de materiais compósitos, como os polímeros de fibra de carbono.

Fig. 1.3: Fibra de carbono na estrutura de uma aeronave [4]

A versatilidade dos materiais de fibra de carbono oferece uma oportunidade ideal para desenvolver compósitos multifuncionais que possam armazenar a energia eléctrica necessária para alimentar os sistemas, satisfazendo simultaneamente as exigências das cargas mecânicas. As fibras de carbono são particularmente atraentes, uma vez que são normalmente utilizadas como elétrodo e como reforço estrutural de elevado desempenho.

1.3.1 RIGIDEZ E RESISTÊNCIA DO MATERIAL COM A MESMA ESPESSURA DE PAREDE DO ELEMENTO

Muitas vezes, os engenheiros de projeto procuram materiais que lhes permitam fabricar um componente idêntico a um de alumínio em todas as dimensões - incluindo a espessura. As tabelas abaixo mostram comparações relativas à rigidez e resistência de um componente da mesma espessura feito de alumínio, aço e fibra de carbono. Note-se que o componente fabricado em fibra de carbono com as mesmas dimensões será 50% mais leve do que um de alumínio e mais de 5 vezes mais leve do que um de aço.

Tabela 1.2: Comparação da rigidez e da resistência com outros materiais.

PROPERTY	ALUMINUM	STEEL	CARBON FIBER COMMON MODULUS	CARBON FIBRE IMPROVED MODULUS	CARBON FIBER HIGHEST MODULUS
STIFFNESS (YOUNG'S MODULUS) GPa	69	200	90.5	132	190
ULTIMATE STRENGTH (TENSILE STRENGTH) m/kg	500	1000	800	368	126

A utilização de fibra de carbono de módulo mais elevado e de tecido unidirecional pode proporcionar 4 vezes mais rigidez do que o alumínio com uma resistência final semelhante ou melhor. Note-se que, na prática, o aço e o alumínio têm uma resistência final inferior à especificada na tabela. Esta é a razão pela qual, antes da destruição, um elemento metálico sofrerá uma deformação permanente. O momento em que ocorre a flexão permanente está relacionado com a tensão de cedência. Para a resistência ao dano nos dados acima, foi aplicada a resistência à tração e a resistência final que se relaciona com a resistência à destruição.

Por exemplo, quando se dobra uma chapa metálica de alumínio, antes da destruição e da fissuração, a amostra começa por ficar partida. Os dados fornecidos na tabela referem-se a amostras totalmente destruídas com a suposição de que a flexão causará a destruição. A fibra de carbono tem um desempenho diferente no caso de uma carga que provoque a flexão permanente do alumínio sem restauração das dimensões originais, a fibra de carbono demonstrará mais elasticidade e, após uma flexão momentânea, restaurará a sua forma após a libertação da carga. A destruição do elemento de fibra de carbono ocorrerá subitamente e sem qualquer aviso, ao contrário do alumínio, que apresenta alguns avisos relacionados com a flexão permanente. Lembre-se sempre do que foi dito acima quando projetar um componente de fibra de carbono fabricado, de modo a prever alguma tolerância.

Relativamente à interpretação dos resultados da tabela, é evidente que a fibra de carbono de módulo mais elevado proporciona uma rigidez extraordinária. No entanto, a resistência ao dano diminui à medida que a rigidez aumenta.

Utilizando outro exemplo, a placa de fibra de carbono de rigidez máxima feita com tecidos de módulo mais elevado oferecerá menos resistência a danos. Quanto mais um componente for reforçado com tecidos de módulo mais elevado, mais suscetível será de se partir durante a flexão. Será efectuada uma análise mais aprofundada com fibra de carbono de módulo padrão, e os compósitos fabricados com tecidos de módulo mais elevado proporcionarão oportunidades graças aos compósitos de carbono. No caso do alumínio, trata-se de ligas com outros metais e, no caso da fibra de carbono, trata-se da utilização simultânea de fibras de aramida, vidro, basalto ou Vectron. Muito comuns são os compósitos de Kevlar e aramida-Kevlar-carbono que oferecem rigidez e elevada resistência a danos, mas isso será objeto de outro estudo.

1.3.2 PESO / DENSIDADE DO MATERIAL

O peso é essencial para muitos produtos. Por exemplo, a redução do peso do braço apanhador de uma máquina pesada automatizada que trabalha a uma velocidade de 10 m/seg. permitirá aumentar a sua velocidade e prolongar a sua vida útil. À escala industrial, pode resultar num aumento da capacidade da unidade de produção e em economias significativas.

Outro exemplo pode ser uma cadeira de rodas, em que a redução do seu peso facilita a sua elevação para dentro e para fora de um automóvel e permite um melhor controlo. É muito evidente no caso dos carros de corrida de Fórmula 1, onde o alumínio substituído por fibra de carbono resultou na redução do peso, o que é crucial neste desporto. O braço da máquina automatizada KUKA feito de fibra de carbono permite aumentar a velocidade de funcionamento e reduzir o seu peso ao mesmo tempo, o que resulta numa carga reduzida nos rolamentos e noutros componentes sujeitos a desgaste.

O braço da máquina automatizada KUKA feito de fibra de carbono permite aumentar a velocidade de funcionamento e reduzir o seu peso ao mesmo tempo, o que resulta numa carga reduzida nos rolamentos e noutros componentes sujeitos a desgaste. A partir da comparação do alumínio com a fibra de carbono, sabemos que a densidade do material tem um impacto direto no seu peso.

Um metro quadrado de folha de fibra de carbono com 6 mm de espessura tem um peso de:

- 47,1 kg para uma chapa de aço
- 16,2 kg para uma folha de alumínio
- 8,7 kg para uma folha de fibra de carbono.

Na conceção dos produtos e no momento da seleção do material, a rigidez deve ser considerada, bem como a resistência de um determinado material, tal como descrito nas secções 1 e 2 do presente estudo.

Na prática, as possibilidades de redução do peso dos componentes através da substituição do alumínio por fibra de carbono exigiram mais testes e experiências. Cada elemento refere-se a um caso individual de geometria e parâmetros únicos. Normalmente, é possível reduzir o peso em 30-50% utilizando fibra de carbono. A carroçaria em fibra de carbono permitiu à BMW reduzir o peso do modelo IS em 300 kg.

A BMW lançou a produção de carroçarias completas feitas de fibra de carbono para o seu modelo I3. A carroçaria em fibra de carbono permitiu-lhes reduzir o peso de cada automóvel em 300 kg. Todos os anos, a empresa fabrica dezenas de milhares destes automóveis. O número de clientes interessados neste modelo é superior ao que a BMW previu inicialmente.

A redução do peso através da utilização de fibra de carbono é possível e vantajosa, especialmente para produtos em que a resistência direcional é significativa. Ao contrário dos metais, os compósitos não demonstram uma resistência idêntica em qualquer direção. É durante o processo de produção que são tomadas decisões sobre a direção dos tecidos e a direção que oferecerá a maior resistência, reduzindo a resistência noutros locais. Esta solução permite reduzir ainda mais o peso dos componentes em fibra de carbono

1.3.3 EXPANSÃO TÉRMICA

Cada material apresenta caraterísticas de expansão térmica diferentes. A expansão térmica está relacionada com a alteração das dimensões do material devido à mudança de temperatura. Na prática, a fibra de carbono apresenta uma expansão térmica quase nula, pelo que é amplamente utilizada em dispositivos, incluindo scanners 3D. Como, na prática, a fibra de carbono apresenta uma expansão térmica quase nula, é amplamente utilizada em dispositivos, incluindo scanners 3D. Como, na prática, a fibra de carbono apresenta uma expansão térmica quase nula, é amplamente utilizada em dispositivos que incluem scanners 3D.

Os engenheiros de projeto estão cada vez mais convencidos das muitas vantagens que a fibra de carbono oferece devido à baixa expansão térmica em comparação com materiais tradicionais como o aço ou o alumínio. A fibra de carbono demonstra parâmetros extraordinários a este respeito e é adequada para elementos de alta precisão, como dispositivos ópticos, scanners 3D, telescópios e outros, em que a baixa expansão térmica mínima é crucial. A fibra de carbono (composto de fibra de carbono e resina epóxi) é um material com uma expansão térmica 6 vezes inferior à do alumínio e mais de 3 vezes inferior à do aço.

A expansão térmica é o fator importante que determina a resistência e a durabilidade de um material estrutural à temperatura de trabalho, uma vez que, no caso dos motores de aviões que trabalham a altas temperaturas, é necessário um material resistente ao calor, pelo que os componentes de fibra de carbono são excelentes neste caso.

Tabela 1.3: Análise da expansão térmica de diferentes materiais.

MATERIAL	HEAT EXPANSION
Aluminum	13
Steel	7
Glass fiber-epoxy composite	7-8
Kevlar/aramid-epoxy composite	3
Carbon fiber- epoxy composite	2

1.4 FIBRA DE CARBONO COMO PILHA ESTRUTURAL

As pilhas utilizam uma reação de controlo redox para converter a energia química armazenada em energia eléctrica. Uma pilha tem três partes principais: um ânodo, um cátodo e um eletrólito. Na bateria de iões de lítio, o ião ativo é intercalado e extraído do elétrodo durante a carga e a descarga. O eletrólito é um meio condutor de iões constituído por polímeros e sais. Durante a descarga, os iões são transportados através do eletrólito, do ânodo para o cátodo. Os electrões são transportados dos eléctrodos através de um circuito exterior. É uma prática comum fabricar eléctrodos e electrólitos finos em baterias de aeronaves.

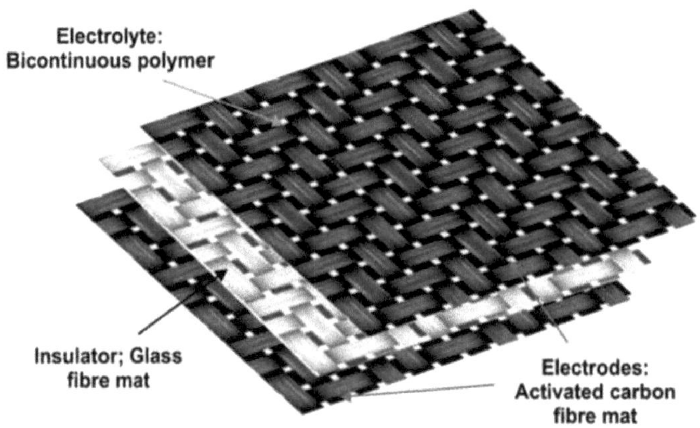

Fig. 1.4: Bateria estrutural de fibra de carbono [5]

Assim, para criar uma bateria estrutural à base de fibras de carbono, um eletrólito de polímero sólido deve ser combinado com as fibras de carbono para formar um material compósito. O eletrólito de polímero sólido deve ser concebido para desempenhar duas funções, nomeadamente, transferir a carga mecânica para as fibras de reforço e permitir a transferência de iões entre os eléctrodos negativo e positivo durante a carga ou descarga da bateria estrutural. Isto representa um desafio em termos de fabrico, seleção e caraterização de materiais. As baterias de carga são avaliadas no que respeita à sua rigidez mecânica e às suas caraterísticas eléctricas. Uma vez que as baterias devem ser utilizadas como compósito multifuncional, as propriedades não são iguais às dos compósitos de função única.

CAPÍTULO 2 : REVISÃO DA LITERATURA

Uma pesquisa bibliográfica exaustiva sobre materiais piezoeléctricos e multifuncionais, como as fibras de carbono, revela que foram efectuadas muitas investigações e pesquisas, especialmente sobre o fabrico de peças estruturais e a subsequente caraterização em várias aplicações aeronáuticas. Neste capítulo, são mencionadas algumas literaturas selecionadas e discutidos os seus resultados.

[1] Tanjemus Islam et al. realizaram experiências sobre a recolha de energia do corpo de uma aeronave utilizando material piezoelétrico. No mundo atual, a recolha de energia de uma forma eficaz tem sido um enorme desafio. Este artigo ilustra a possibilidade de gerar energia utilizando materiais piezoeléctricos, que são rentáveis e reduzem as perturbações no sistema. Estes materiais geram energia por aplicação de pressão. Descreve a instalação de material piezoelétrico, onde a grande quantidade de pressão e vibração mecânica ocorre em peças como o motor, as superfícies das asas e a fuselagem quando a aeronave está em voo. Como resultado da instalação de materiais piezoeléctricos, evita-se a utilização de grandes baterias e outros dispositivos de alimentação.

A procura de eletricidade está a aumentar rapidamente com o avanço da tecnologia para aeronaves modernas, o que é facilitado pela tecnologia de aviação moderna, que requer uma enorme quantidade de energia eléctrica. Por conseguinte, a produção de energia piezoeléctrica será uma excelente fonte para satisfazer a procura.

[2] Taylor e burns et al. O seu trabalho incidiu sobre a quantidade de energia de vibração que pode ser utilizada para a produção de uma quantidade adequada de energia. Ele utilizou muitas matrizes de materiais de fluoreto de polivinilideno para armazenar a energia cinética gerada pela deflexão dos materiais. Mostrou que pode gerar uma quantidade considerável de energia. Este artigo estuda o efeito do posicionamento e do número de PFC com IDE (PFC-W14) incorporados em compósitos de vidro multicamada para recolha de energia. O processo de ensacamento a vácuo é utilizado para fabricar oito compósitos multicamadas com PFC-W14 incorporado no interior do espécime em diferentes localizações e número. O PFC-W14 é posicionado em diferentes camadas do compósito e o número de PFC-W14 é variado de modo a estudar os vários casos de tensão que actuam no compósito. Foram realizados ensaios de vibração para diferentes frequências nestes oito provetes utilizando um agitador eletrodinâmico. A energia gerada é diretamente proporcional à deformação ou à tensão gerada ao longo do eixo perpendicular à direção da deformação aplicada, que é recolhida por eléctrodos digitalizados integrados. A frequência máxima de vibração na qual a tensão máxima é gerada por cada espécime é observada para diferentes localizações e números.

[3] HidemiMutsuda, YoshikazuTanaka, RupeshPatel, et al.,2017 Investigaram o dispositivo piezoelétrico flexível. O fluxo induzido pela contagem da energia cinética que é gerada pelo vento, pela corrente, pelas ondas do mar, etc... a recolha de energia é utilizada pelas camadas piezoeléctricas e pelos elastrómeros para obter um elevado desempenho e uma boa eficiência. A conceção do dispositivo de energia piezoeléctrica flexível consiste no sistema de suporte, na relação de aspeto e na tensão inicial.

[4] Gellera, T. Tyczynskia, M. Gudea, 2016 No seu artigo, mostrou as diferentes utilizações do piezoelétrico, a sua natureza, propriedades, etc. O autor incorporou sensores de piezoelétrico em diferentes locais e estudou as várias especificações do piezoelétrico. O espécime preparado foi submetido a diferentes ensaios de flexão e compressão. Este ensaio de compressão pode levar à deformação do espécime através da incorporação do material cerâmico piezoelétrico. Este gera uma carga eléctrica elevada.

[5] Ahmed Telba et al. Descreve a modelação e a simulação da captação de energia piezoeléctrica. A recolha de energia é uma tecnologia em desenvolvimento. Ao utilizar a energia de vibração disponível nas imediações, o objetivo deste artigo é alimentar pequenos dispositivos. Se tal for possível, os requisitos de manutenção e a necessidade de substituir as baterias podem ser minimizados. Este artigo apresenta o melhor modelo dinâmico para estimular a recolha de energia piezoeléctrica. O resultado experimental corrige o modelo dinâmico.

[6] E. L. Wong, D. M. Baechel, R. H. Crter, J. F. Synder, E. D. Wetzel et al., Estão a ser desenvolvidos compósitos estruturais multifuncionais para suportar simultaneamente cargas mecânicas e armazenar energia eletroquímica. Estas baterias compósitas podem substituir componentes estruturais inertes e, simultaneamente, fornecer energia suplementar para aplicações de carga ligeira. É possível obter poupanças de peso significativas através da conceção de componentes compósitos de baterias, embalagens, electrólitos, separadores e eléctrodos com eficiência estrutural. Neste artigo, os materiais do eletrólito e do elétrodo estão a ser desenvolvidos para otimizar as propriedades electroquímicas e mecânicas.

[7] **J. F. Snyder, R. H. Carter, E. D. Wetzel, et al.** Este documento trata do desenvolvimento de compósitos poliméricos estruturais com funcionalidade de bateria. Estes dispositivos transportam cargas estruturais enquanto armazenam simultaneamente energia

eletroquímica. Se forem concebidos com suficiente eficiência estrutural e energética, estes materiais podem permitir uma redução significativa do peso do sistema, substituindo componentes estruturais inertes. Estão a ser desenvolvidos tecidos de fibra de carbono como ânodo, cátodos estruturais e electrólitos de polímeros estruturais isentos de solventes para apresentar uma combinação desejada de resistência mecânica e desempenho eletroquímico. Estes componentes estão a ser integrados utilizando técnicas de processamento de compósitos moldáveis e rentáveis.

[8] S. E. Greenhaigh, M. Shaffer, J. H. G. Steinke, P. Curtis, et al. No caso dos compósitos multifuncionais para dispositivos de armazenamento de energia, devem ser consideradas as propriedades mecânicas e eléctricas. A arquitetura laminada dos compósitos de fibras reflecte a configuração de muitos dos actuais dispositivos de armazenamento de energia eléctrica. Os compósitos de fibra de carbono são uma alternativa, uma vez que são normalmente utilizados como elétrodo e como reforço de alto desempenho. No que diz respeito aos electrólitos, o eletrólito polimérico de gel sólido proporciona uma maior durabilidade e reduz as fugas, além de ser relativamente barato e fácil de preparar.

[9] T. Carlsson, D. Ordeus, M. Wysocki, et al. Esta abordagem de conceção convencional visa maximizar a eficiência de subcomponentes individuais, centrando-se na sua capacidade de realizar a sua tarefa individual. Uma abordagem diferente consiste em criar novos materiais multifuncionais, que desempenhem simultaneamente mais do que uma função, proporcionando poupanças significativas em termos de massa e volume ao nível do sistema, ou benefícios em termos de desempenho, como maior durabilidade ou redundância. A versatilidade das fibras compósitas poliméricas oferece uma oportunidade ideal para desenvolver novos materiais multifuncionais que possam armazenar a energia eléctrica necessária para alimentar o sistema.

[10] Leif E. Asp, Maciej Wysocki, et al. Neste artigo, os protótipos de baterias estruturais são caracterizados experimental e teoricamente quanto às suas capacidades multifuncionais. Materiais compósitos de baterias estruturais construídos a partir de eléctrodos de carbono e alumínio, separados por uma trama de fibra de vidro, com um eletrólito de polímero como material de matriz, foram fabricados com sucesso e monitorizados quanto ao seu potencial elétrico nominal. Foi feita uma análise detalhada das propriedades estruturais, mecânicas e eléctricas da bateria. A análise teórica efectuada sugere que é possível obter baterias estruturais com rigidez e resistência no plano comparáveis às dos compósitos convencionais.

[11] **Wilhelm johannisson, Fabian sieland, et al.** Nos transportes eléctricos, existe uma necessidade inerente de armazenar energia eléctrica, mantendo uma carga baixa do veículo. Uma forma de diminuir o peso da estrutura é utilizar materiais compósitos. O armazenamento de energia eléctrica nos sistemas actuais contribui para uma grande parte do peso total de um veículo. As baterias estruturais foram sugeridas como possível raiz para reduzir este peso. Uma bateria estrutural é um material que transporta carga mecânica e simultaneamente armazena energia eléctrica, podendo ser realizada utilizando fibra de carbono tanto como material de transporte de carga primária como elétrodo ativo da bateria. Neste estudo, a lâmina composta da bateria estrutural é feita de fibra de carbono com uma matriz de eletrólito de bateria estrutural e mostrou que o material proporciona vantagens em termos de peso do sistema. Os seus resultados mostraram que é possível reduzir o peso dos veículos eléctricos utilizando baterias estruturais

Quadro que resume os pontos-chave de cada referência:

Ref No.	Author(s)	Year	Focus of Study	
[1]	Tanjemus Islam et al.	N/A	Power harvesting from aircraft body using piezoelectric materials.	Piezoelectric materials installed in areas of high pressure and vibration on aircraft can generate power and reduce battery usage.
[2]	Taylor and Burns et al.	N/A	Vibration energy for power generation using polyvinylidene fluoride (PVDF) materials.	Positioning and number of PVDF embedded in glass composites affect the power generation from vibrations.
[3]	Hidemi Mutsuda, Yoshikazu Tanaka, Rupesh Patel	2017	Flexible piezoelectric device for energy harvesting from environmental sources like wind and waves.	Designed flexible piezoelectric devices using piezo layers and elastomers for high performance energy harvesting.
[4]	Gellera, T. Tyczynski, M. Gude	2016	Study on piezoelectric sensors and their properties.	Embedded piezo ceramic materials generate high electric charge during compression and bending tests.
[5]	Ahmed Telba et al.	N/A	Modeling and simulation of piezoelectric energy harvesting.	Dynamic model developed for small device power harvesting from vibrations; experimental results validate the model.

[6]	E. L. Wong, D. M. Baechel, R. H. Carter, J. F. Snyder, E. D. Wetzel	N/A	Development of multifunctional structural composites that store energy and bear mechanical loads.	Composite materials designed to store energy and bear loads, providing weight savings.
[7]	J. F. Snyder, R. H. Carter, E. D. Wetzel	N/A	Development of structural polymeric composites with battery functionality.	These materials carry structural loads while storing electrochemical energy, offering weight reduction.
[8]	S. E. Greenhaigh, M. Shaffer, J. H. G. Steinke, P. Curtis	N/A	Study of mechanical and electrical properties of multifunctional composites for energy storage.	Carbon fiber composites offer dual functionality as electrodes and high-performance reinforcements.
[9]	T. Carlsson, Ordeus, M. Wysocki	N/A	Development of multifunctional materials for maximizing efficiency in electric systems.	Focuses on creating materials that perform multiple functions, reducing system-level mass and improving durability.
[10]	Leif E. Asp, Maciej Wysocki	N/A	Characterization of structural battery prototypes for multifunctional use in vehicles.	Structural batteries made of carbon and aluminum exhibit good mechanical and electrical properties, comparable to conventional materials.
[11]	Wilhelm Johannisson, Fabian Sieland	N/A	Study of structural battery composites in electric transportation.	Structural batteries from carbon fiber reduce vehicle weight while storing electrical energy.

CONCLUSÃO DA REVISÃO DA LITERATURA

Os estudos resumidos no quadro destacam os avanços significativos no domínio da captação de energia e dos materiais multifuncionais, nomeadamente através da utilização de tecnologias piezoeléctricas e compósitas.

Soluções energéticas inovadoras: A investigação demonstra que os materiais piezoeléctricos podem efetivamente recolher energia de vibrações mecânicas e de pressão, especialmente em aplicações como a aviação, onde podem minimizar a dependência das baterias tradicionais. Isto não só contribui para a produção de energia, como também aumenta a eficiência global dos sistemas das aeronaves.

Designs flexíveis e multifuncionais: O desenvolvimento de dispositivos piezoeléctricos flexíveis e de compósitos estruturais revela uma tendência crescente para a multifuncionalidade. Estes materiais são concebidos para servir dois objectivos - suportar cargas mecânicas e simultaneamente armazenar energia - conseguindo assim poupanças de peso significativas e reduzindo a necessidade de componentes de armazenamento de energia separados.

Otimização de materiais: Vários estudos sublinham a importância de otimizar a colocação, o tipo e a configuração dos materiais para maximizar a produção de energia e o desempenho mecânico. Por exemplo, o posicionamento do fluoreto de polivinilideno (PVDF) em estruturas compostas influencia diretamente a eficiência da captação de energia.

Potencial no transporte elétrico: Os resultados das baterias estruturais indicam um caminho promissor para os veículos eléctricos, uma vez que estes materiais podem substituir as baterias convencionais, contribuindo ao mesmo tempo para a integridade estrutural do veículo, levando a reduções de peso que são cruciais para o desempenho e a eficiência.

Implicações futuras: Como a procura de energia eléctrica em aplicações modernas continua a aumentar, a integração de materiais multifuncionais e de tecnologias de captação de energia desempenhará um papel fundamental no desenvolvimento de soluções energéticas sustentáveis e eficientes em vários sectores.

A pesquisa bibliográfica mostra que há muitos anos que se realizam muitas investigações e experiências sobre a captação de eletricidade a partir de materiais piezoeléctricos e que esta pode ser armazenada nas baterias estruturais de fibra de carbono fabricadas a partir de materiais compósitos multifuncionais, utilizando electrólitos e eléctrodos de gel adequados.

CAPÍTULO 3: MÉTODO E METODOLOGIA

O objetivo deste projeto é mostrar que os materiais piezoeléctricos, se aplicados de forma adequada na estrutura de uma aeronave, podem ser utilizados para gerar eletricidade que estaria disponível a partir da vibração dos componentes da aeronave. Esta poderia ser armazenada na bateria de fibra de carbono fabricada com materiais compósitos multifuncionais, separador e eletrólito de gel.

Objetivo: O principal objetivo deste projeto é investigar o desempenho de materiais piezoeléctricos sob vibrações e tentar implementá-los para efeitos de recolha de eletricidade em aeronaves, armazenando-a numa bateria estrutural feita de material compósito de fibra de carbono.

3.1 PROCESSO DE FABRICO

Tanto o compósito de polímero piezoelétrico como as baterias estruturais de fibra de carbono foram fabricados nas condições exigidas.

3.1.1 FABRICO DE UM COMPÓSITO PIEZOELÉCTRICO

O espécime é preparado através da incorporação do material piezoelétrico no polímero, de acordo com os requisitos, e depois o teste é realizado para determinar a quantidade de energia gerada com o PFC-W14.

MATERIAL UTILIZADO

Os seguintes materiais serão utilizados para o fabrico de fibras piezoeléctricas incorporadas na construção de compósitos

- Fibras piezoeléctricas: PFC-W14
- Fibra de vidro: Fibra de vidro estrutural
- Epoxi: - Resina: Araldite CY230-1, Endurecedor: Aradur HY 951

1. TRATAMENTO E ARMAZENAGEM

a. MISTURAÇÃO

Medir (por peso) a resina de araldite e o endurecedor. Adicionar o endurecedor à resina de araldite, certificando-se de que a quantidade necessária de endurecedor é transformada na resina. Agitar bem até que a mistura esteja completa. A entrada de ar durante a mistura resulta em poros na resina curada. A mistura sob vácuo ou numa máquina de mistura doseadora é a forma mais eficaz de evitar a entrada de ar. Em alternativa, a mistura estática de resina e endurecedor pode ser desarejada numa câmara de vácuo - permitindo que a espuma se expanda pelo menos 200%.

b. CURA

A reação química iniciada pela mistura da resina e do endurecedor resulta na geração de calor exotérmico. A temperatura máxima atingida é determinada pela temperatura inicial e pelo tamanho e forma da peça fundida. O sistema de resina sem enchimento é adequado apenas para o fabrico de peças fundidas com peso até cerca de 500 gramas. Deve ser adicionado um enchimento de minerais para dissipar o calor e amortecer a reação exotérmica quando se produzem grandes peças fundidas. Há muito pouca reação exotérmica quando se produzem peças fundidas muito pequenas de camadas finas, uma vez que o calor gerado é rapidamente dissipado. A cura é consequentemente retardada e as superfícies das peças fundidas podem permanecer pegajosas. Nestes casos, deve ser utilizado um aquecedor de infravermelhos ou um forno a 40 c-60^{oo} c para obter uma cura completa.

Ao fundir secções espessas, é necessário um cuidado especial para evitar um aumento excessivo da temperatura exotérmica. Não devem ser utilizados programas curtos de cura a alta temperatura, a menos que os ensaios preliminares com peças fundidas fabricadas de acordo com o projeto específico e nos moldes especificados não produzam efeitos exotérmicos aceitáveis.

Para determinar se a reticulação foi levada até ao fim e se as propriedades finais são óptimas, é necessário efetuar medições relevantes no objeto real ou medir a temperatura de transição vítrea. Um gel e um ciclo de cura diferentes no processo de fabrico dos clientes podem conduzir a um grau diferente de reticulação e, consequentemente, a uma temperatura de transição vítrea diferente.

C. CONDIÇÕES DE CONSERVAÇÃO

Conservar os componentes num local seco e à temperatura ambiente, em recipientes originais bem fechados. Nestas condições, o prazo de validade corresponde ao prazo de validade indicado no rótulo. Após esta data, o produto só pode ser processado após nova análise.

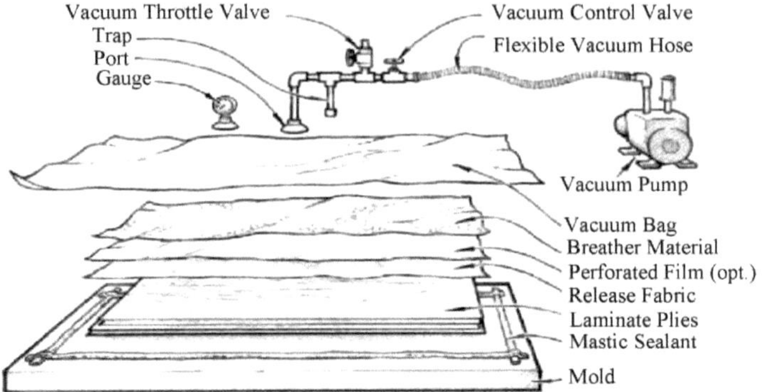

Fig. 3.1: Técnica de ensacamento a vácuo [6]

2. PROCESSO DE FABRICO

O fabrico do compósito piezoelétrico é realizado utilizando a técnica de transferência de resina assistida por vácuo

a) Selecionar o molde necessário de acordo com o espécime que tem de ser fabricado.

b) Limpar o molde com acetona ou qualquer outro produto de limpeza.

c) Colocar a película de revestimento sobre o molde, de modo a permitir a libertação adequada do molde.

d) Empilhar a fibra de vidro camada por camada com epóxi e colocar o piezo.

e) Encerar a superfície com PVA e limpar com algodão.

f) Cole os bordos com fita vedante em todos os lados.

g) Colocar a rede de lona sobre a fibra de vidro.

h) Como dimensão do provete, colocar placa de cal ou borracha de silicone.

i) Colocar a linha de vácuo com espiral, depois colocar o respirador, de modo a ter uma passagem de vácuo contínua, depois colocar o respirador e o ensacamento a vácuo está feito.

Fig. 3.2: Material piezoelétrico fabricado.

3.1.2 PREPARAÇÃO DA PILHA ESTRUTURAL DE FIBRA DE CARBONO

Na preparação da bateria estrutural de fibra de carbono, estamos a utilizar fibra de carbono como material anódico, um separador feito de fibra de vidro com propriedades de microporosidade e fibra de alumínio revestida com LiFePO4.

MATERIAL UTILIZADO

A estrutura em camadas das baterias era composta por três partes. Um ânodo, feito de tecido de fibra de carbono com coletor de cobre, um separador e LiFePO4 revestido em tecido de fibra de alumínio utilizado como coletor. Foi preparado um eletrólito de gel de polímero. O eletrólito em gel foi fabricado a partir de polimetilmetacrilato e de carbonato de dimetilo.

1. PROCESSO DE FABRICO

a) Tecidos de fibra de carbono, tecidos de fibra de alumínio, separador, folha de cobre cortada nas dimensões pretendidas.

b) Para produzir o eletrólito em gel, o polimetilmetacrilato e o carbonato de dimetilo, juntamente com o fluoreto de polivinilideno, são misturados na proporção de 1:1 à temperatura atmosférica.

c) O tecido de fibra de carbono está ligado ao coletor de cobre que funciona como ânodo na bateria estrutural.

d) Tecido de alumínio revestido com LiFePO4 na ausência de teor de água e outras impurezas, que actuam como material catódico.

e) A resina é misturada com a solução de eletrólito em gel com uma direção constante, para formar um agente de ligação forte.

f) O separador é colocado entre o ânodo e o cátodo, o eletrólito em gel é aplicado no separador para obter uma forte propriedade mecânica.

g) As baterias são fabricadas numa caixa de madeira, para proteger os produtos químicos das moléculas de água.

h) Foram aplicados calor e pressão para consolidar as baterias compósitas, assegurando também o contacto entre o elétrodo e o eletrólito.

i) Após a preparação, as pilhas estruturais são colocadas num saco hermético para as proteger da humidade atmosférica.

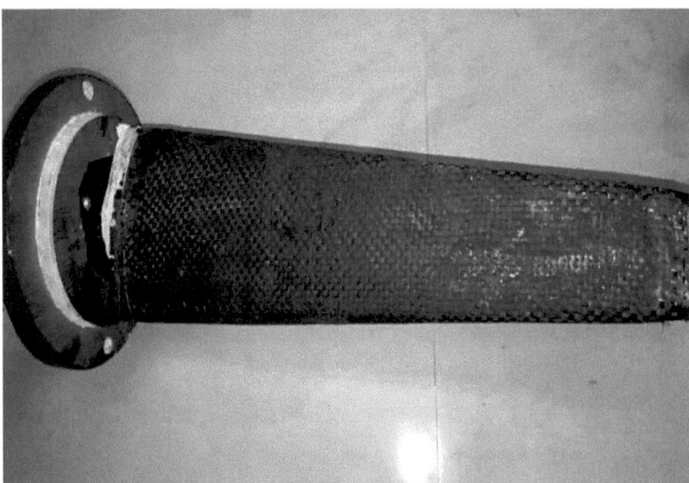

Fig. 3.3: Bateria estrutural de fibra de carbono

3.2 MODELO TEÓRICO

As baterias de carga são avaliadas tanto no que diz respeito à sua rigidez mecânica como às suas caraterísticas eléctricas. Uma vez que as baterias se destinam a ser utilizadas como compósitos multifuncionais, as propriedades não são iguais às dos compósitos monofuncionais.

3.2.1 MATERIAIS CATÓDICOS

Os cátodos devem ser condutores de eletricidade e estruturalmente robustos. O tecido de alumínio pode atuar como cátodo na bateria multifuncional. É utilizado um substrato metálico como coletor de corrente primária, que é depois revestido com uma película fina permeável de material ativo do cátodo. A composição precisa e a rota de processamento estão a ser optimizadas para uma elevada capacidade eletroquímica, condutividade eléctrica, recarregabilidade e integridade mecânica.

O LiFePO4 é um material recente com um conhecimento menos estabelecido, mas potencialmente mais utilizado na nossa aplicação. Tem uma capacidade teórica mais elevada do que outros, maior tolerância para descargas profundas e maior tolerância para substratos de aço inoxidável. O pó de carbono e o pó do cátodo são moídos em conjunto durante vários dias para minimizar o tamanho das partículas e garantir uma integração suficiente dos dois materiais. O carbono é essencial para facilitar o transporte de electrões entre as partículas do cátodo e o coletor de corrente metálico. O aumento da fração volumétrica de pó de carbono aumenta a conetividade eléctrica da película, mas reduz a capacidade global ao reduzir a fração volumétrica de material catódico ativo.

O substrato metálico fornece um suporte estrutural e actua como um coletor de corrente que transporta eficazmente os electrões entre o circuito e o filme catódico. O alumínio foi utilizado neste estudo com fosfato de iões de lítio devido à sua elevada resistência e rigidez específicas, elevada condutividade eléctrica e inércia favorável aos materiais do cátodo nas condições estudadas. Estão a ser testados substratos de tecido metálico e de folha expandida. Estas formas de material são estruturalmente robustas e porosas, permitindo que a matriz de polímero humedeça o cátodo e ligue mecanicamente as várias camadas de material. Note-se que muitas baterias convencionais utilizam cátodos metálicos não porosos para maximizar a área de superfície, que provavelmente apresentariam fontes de delaminação se fossem utilizados numa conceção estrutural de bateria.

3.2.2 MATERIAIS ANÓDICOS

A conceção atual do dispositivo utiliza tecidos convencionais de fibra de carbono como material anódico. É utilizado um material anódico à base de fibras de carbono devido à sua multifuncionalidade inerente a esta aplicação. A elevada rigidez e resistência das fibras de carbono proporcionam um reforço mecânico para a bateria composta, enquanto a sua condutividade eléctrica permite o transporte de electrões para dentro e para fora da célula. Além disso, para a química da nossa bateria de iões de lítio, o carbono pode servir como meio de intercalação para os iões de lítio. Foram consideradas três formas de carbono estrutural para estas fases iniciais da investigação do ânodo, incluindo tecidos de carbono, tecidos não tecidos de carbono e papéis de nanoespuma de carbono. Os tecidos são tapetes unidireccionais pré-impregnados SP-381 recebidos da Cytec. A grafite elementar foi selecionada como ânodo de referência, uma vez que é considerada uma forma de carbono altamente eficiente para a intercalação de iões de lítio numa célula eletroquímica e é normalmente utilizada em células de lítio comerciais.

Os materiais do ânodo são objeto de uma investigação aprofundada e existe um maior número de candidatos e materiais. Os desempenhos electroquímicos, incluindo a ciclabilidade, a taxa de carregamento e a densidade energética das baterias de iões de lítio, são significativamente afectados pela seleção de endarteria celular.

Os carbonos com capacidade de armazenamento reversível de iões de lítio podem ser classificados como carbono grafítico e não grafítico. Os carbonos grafíticos têm uma estrutura em camadas. A grafite natural, a grafite sintética e a grafite pirolítica, que consistem em agregados de cristais de grafite, também são vulgarmente designadas por grafite. A inserção do lítio na grafite segue uma ocupação gradual das camadas intermédias do grafeno a baixas concentrações de iões de lítio, conhecida como formação de fases. Os carbonos desordenados consistem em átomos de carbono que estão dispostos numa rede hexagonal plana sem uma ordem alargada de longo alcance. Existem domínios amorfos que se cruzam nos flocos cristalinos de grafite. O carbono desordenado demonstra normalmente uma elevada capacidade específica, mas com problemas de enorme perda de capacidade irreversível no primeiro ciclo e de desvanecimento da capacidade.

3.2.3 ELECTROLÍTICO

O eletrólito deve ser cuidadosamente escolhido para suportar o ambiente redox tanto no cátodo como no ânodo e a gama de tensões envolvida sem decomposição ou degradação. Além disso, o eletrólito deve ser inerte e estável numa gama de temperaturas aceitável. Nas baterias comerciais de iões de lítio, o eletrólito líquido é normalmente uma solução de sais de lítio em solventes orgânicos.

No entanto, o eletrólito líquido orgânico existente pode potencialmente incendiar-se em condições de fuga térmica ou curto-circuito devido à natureza volátil e inflamável dos solventes, que são altamente tóxicos. Idealmente, o eletrólito deve também ser benigno para o ambiente e poder ser produzido a baixo custo no futuro. Os solventes orgânicos polares apróticos, como os solventes de carbonato com uma constante dialética elevada, são selecionados para solvatar os sais de lítio a uma concentração elevada.

Por outro lado, são necessários solventes com baixa viscosidade e baixo ponto de fusão para satisfazer o requisito de elevada mobilidade iónica na gama de temperaturas de funcionamento. Foram explorados vários solventes orgânicos, incluindo o carbonato de dimetilo, o carbonato de dietilo, o carbonato de metilo etilo, o carbonato de propileno, o carbonato de etileno, o dietoxietano, o dioxolano, a γ-butirolactona e o tetra-hidrofurano. Deve notar-se que os aniões são selecionados para evitar serem oxidados na superfície carregada dos cátodos, o que exclui os aniões simples de Cl , Br e I . O LiPF6 é um excelente sal de lítio do ponto de vista da segurança, da condutividade e do equilíbrio entre a mobilidade iónica e a constante de dissociação. No entanto, o LiPF6 pode reagir com a água para formar HF altamente corrosivo. Por conseguinte, a humidade deve ser minimizada no manuseamento do eletrólito LiPF6. De facto, o sucesso das primeiras baterias comerciais de iões de lítio pode ser atribuído à disponibilidade à escala industrial de LiPF6 de elevada pureza com uma quantidade mínima de água.

Outro tipo de eletrólito é baseado em géis nos quais os sais de lítio e os solventes polares são dissolvidos e adicionados a redes inactivas de polímeros de elevado peso molecular. O LiPF6 e os solventes de carbonato são normalmente utilizados como os do eletrólito líquido acima referido. As fases líquidas são totalmente absorvidas pelos polímeros, o que pode evitar o problema de fugas, ao contrário do que acontece com o eletrólito líquido puro. Entretanto, a condutividade iónica do eletrólito em gel pode ser dramaticamente aumentada em comparação com a do eletrólito de polímero. Existem vários polímeros explorados como hospedeiros, incluindo o poliacrilonitrilo, o cloreto de polivinilo, o fluoreto de polivinilideno e o metacrilato de polimetilo. Na preparação do eletrólito em gel, pode-se simplesmente aumentar a viscosidade do eletrólito líquido através da adição de polímeros solúveis. Em alternativa, pode mergulhar-se a matriz polimérica microporosa no eletrólito.

3.2.4 SEPARADOR

Os separadores são componentes essenciais das baterias. De facto, os separadores são habitualmente utilizados na maioria dos sistemas electroquímicos com eletrólito líquido, incluindo células de combustível, condensadores e vários tipos de baterias com base em diferentes químicas. O separador de uma bateria desempenha um papel fundamental para evitar o contacto físico direto entre o cátodo e o ânodo, impedindo a ocorrência de curto-circuitos. Ao mesmo tempo, o separador permite que os iões do eletrólito passem através dele. Os separadores devem ser quimicamente estáveis e inertes em contacto com o eletrólito e os eléctrodos. Ao mesmo tempo, devem ser mecanicamente robustos para resistir à tensão e à perfuração pelos materiais dos eléctrodos e a dimensão dos poros deve ser inferior a 1 μm.

Foram explorados separadores, incluindo membranas de polímeros microporosos, tapetes de tecido não tecido e membranas inorgânicas, sendo as membranas de polímeros microporosos à base de materiais poliolefínicos predominantemente utilizadas em baterias comerciais com eletrólito líquido.

As membranas poliméricas microporosas podem ser muito finas e altamente porosas para reduzir a resistência e aumentar a condutividade iónica. Ao mesmo tempo, as membranas poliméricas podem continuar a ser mecanicamente robustas. Outros parâmetros que devem ser considerados na seleção de membranas de polímero microporoso são o baixo rendimento ou retração, a permeabilidade, a molhabilidade e o custo. Outra vantagem interessante da utilização de membranas de polímero microporoso como separador é que, com compósitos multicamadas corretamente concebidos, o separador pode desligar a bateria em caso de curto-circuito ou fuga térmica, funcionando como um fusível térmico. É necessário ter, pelo menos, duas partes funcionais no separador, uma parte que derrete para fechar os poros e a outra parte que fornece resistência mecânica para continuar a isolar o ânodo e o cátodo.

Para o desenvolvimento de futuras baterias para aplicações a altas temperaturas, as membranas inorgânicas como separadores são altamente atractivas. As baterias totalmente sólidas também devem ser mais investigadas para satisfazer esses nichos de mercado de aplicações a altas temperaturas. Outro parâmetro que determina o êxito comercial de um separador é o custo. O custo do atual separador de polímeros pode atingir um quinto do custo total da bateria. Por conseguinte, é necessário intensificar a investigação sobre o desenvolvimento de separadores altamente aperfeiçoados a um preço razoavelmente baixo para as baterias.

3.3 PROPRIEDADES MECÂNICAS

A rigidez mecânica é avaliada utilizando a micromecânica. A regra da mistura, juntamente com Halpin-Tsai e a teoria dos laminados, foram utilizadas para calcular as propriedades mecânicas das baterias compósitas.

A rigidez mecânica de cada camada foi calculada e relacionada com o comportamento mecânico do compósito total. O material é constituído por três tipos diferentes de fibras: alumínio no cátodo, fibra de vidro no separador e fibra de carbono no ânodo. Considerando os diferentes tipos de reforço de fibra juntamente com as propriedades da matriz, calcula-se a rigidez global do laminado utilizando a teoria dos laminados.

3.3.1 MATERIAIS E EXPERIMENTAÇÃO

As baterias estudadas são baseadas na química do ião de lítio, LiFePO4. A estrutura em camadas das baterias é constituída por três partes. Um ânodo, feito de tecido de fibra de carbono com um coletor de cobre e um separador, feito de tecido de fibra de vidro e um cátodo, feito de LiFePO4 revestido de tecido de fibra de alumínio. Foram avaliados os electrólitos de polímero sólido e de gel de polímero. O eletrólito em gel é feito de 30 % em peso de PMMA e 70 % em peso de carbonatos de etileno: carbonato de dimetilo. Para melhorar as propriedades mecânicas da camada separadora, a mistura de eletrólito foi aplicada sobre um tecido de fibra de vidro.

3.4 PRINCÍPIO DE FUNCIONAMENTO

As vibrações são naturais nas aeronaves durante o voo e, em caso de turbulência, estas vibrações são ainda maiores, pelo que não podemos livrar-nos delas completamente. No entanto, o que podemos fazer é utilizar estas vibrações de forma positiva, ou seja, substituindo o painel da asa existente na aeronave por materiais compósitos multifuncionais, em particular substituindo a fibra de carbono existente no revestimento da aeronave por uma combinação única de compósitos piezoeléctricos sem chumbo e compósitos de bateria de fibra de carbono.

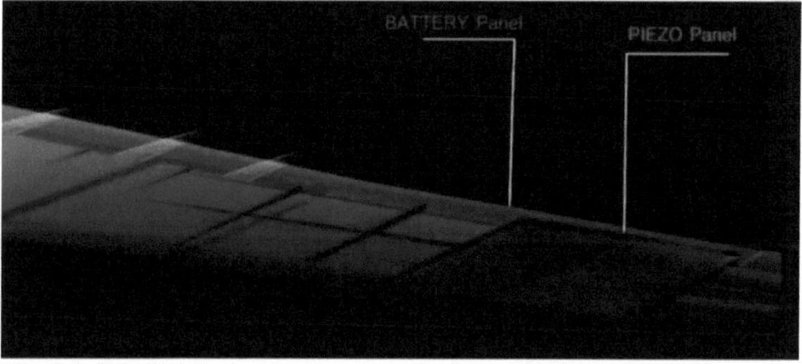

Fig. 3.4: Substituição da estrutura por painel piezoelétrico e painel de baterias

Durante o voo de uma aeronave, devido à turbulência e a outros factores, ocorrem vibrações nas pontas das asas. Estas vibrações são convertidas em potencial elétrico pelos materiais compósitos piezoeléctricos e armazenadas em compósitos de baterias adjacentes, carregando-as assim. Em seguida, procede-se à substituição de todos os painéis das asas por esses materiais compósitos multifuncionais, de modo a recolher e armazenar a energia eléctrica na estrutura da própria aeronave.

Fig. 3.5: Colocação alternativa do painel piezoelétrico e da bateria estrutural

A fuselagem de uma aeronave comporta-se como um elemento estrutural, mas aqui, ao substituir os mesmos materiais compósitos multifuncionais utilizados nos painéis das asas, estas baterias estruturais podem ser carregadas quando a aeronave está no hangar. Desta forma, toda a estrutura da aeronave pode converter-se numa bateria estrutural gigante que armazena uma grande quantidade de energia eléctrica, o que constitui o maior desafio na indústria aeronáutica.

CAPÍTULO 4: RESULTADOS E DISCUSSÃO

Fabricámos e testámos com êxito uma estrutura de polímero piezoelétrico que, em termos de produção de energia eléctrica, foi submetida a cargas de impacto para verificar as propriedades mecânicas da estrutura.

O compósito estrutural da bateria construído a partir do elétrodo de fibras de carbono e de alumínio, separado por uma trama de fibras de vidro, com um eletrólito de polímero como material de matriz, foi fabricado com sucesso no protótipo e monitorizado quanto ao seu potencial elétrico.

Os resultados teóricos desta análise sugerem que é possível obter baterias estruturais com rigidez e resistência no plano comparáveis às dos compósitos poliméricos convencionais. Mesmo que as baterias estruturais não atinjam as propriedades mecânicas e eléctricas dos compósitos poliméricos convencionais, contribuirão para a poupança de massa em sistemas estruturais/de armazenamento de energia como os utilizados nos veículos eléctricos actuais. Para melhorar as propriedades mecânicas da camada separadora, a mistura de electrólitos foi aplicada sobre uma trama de fibra de vidro. Os resultados deste estudo implicam que se pode efetivamente conseguir uma poupança significativa de massa.

4.1 RESULTADO DO ENSAIO DA PILHA DE FIBRA DE CARBONO

Dois ensaios mostram a relação entre a tensão em MPa em newton e a deformação em %. Inicialmente, a carga e a deformação são lineares entre si, de acordo com a lei de Hook. Com uma carga de 16320 N, o material atinge o seu ponto de cedência. Aumentando ainda mais a carga, a relação linear não se sustenta. Para pequenos incrementos de carga, a deformação foi maior. Após o aumento contínuo da carga, o material fracturou com 20,9% de deformação, denominada carga de tração final (UTL). Na UTL, pode ser observada uma diminuição súbita da curva devido à experiência de tensão zero.

4.1.1 ENSAIO FLEXURAL

Tabela 4.1 Resultado do ensaio de flexão

Specimen	Flux modulus MPa	Flux strength MPa	Thickness mm	Width mm	Length mm
1.	4050	154	2.35	37.06	40

ESTATÍSTICAS

Tabela 4.2 Estatísticas do ensaio de flexão

Series N=1	Flux Modulus MPa	Flux Strength MPa	Thickness mm	Width mm	Length mm
X	4050	154	2.35	37.06	40
S	-	-	-	-	-

GRÁFICO DA SÉRIE

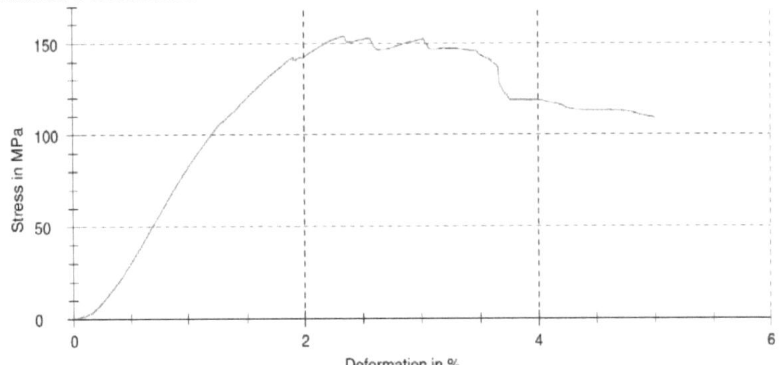

Fig. 4.1: Tensão atuante por deformação no ensaio de flexão

4.1.2 ENSAIO DE TRACÇÃO

Tabela 4.3 Resultado do ensaio de tração

Specimen	F max N	Tensile Modulus MPa	Tensile Strength MPa	Strain at Break %	WIDTH mm	THICKNESS mm
1	16320	416	206	20.9	31.72	2.50

ESTATÍSTICAS

Tabela 4.4 Estatísticas para o ensaio de tração

Specimen	F max N	Tensile Modulus MPa	Tensile Strength MPa	Strain at Break %	WIDTH mm	THICKNE SS mm
X	16320	416	206	20.9	31.72	2.50
S	-	-	-	-	-	-

GRÁFICO DA SÉRIE

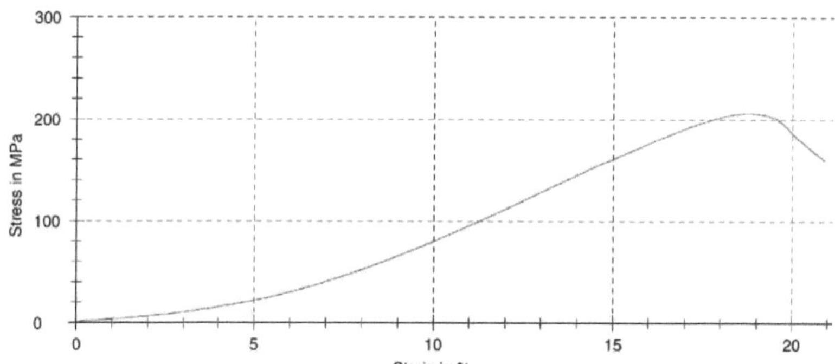

Fig. 4.2: Tensão vs. deformação no ensaio de tração

4.2 TENSÃO DE SAÍDA DEVIDO A PIEZOELÉCTRICA VIBRAÇÃO COMPOSTA

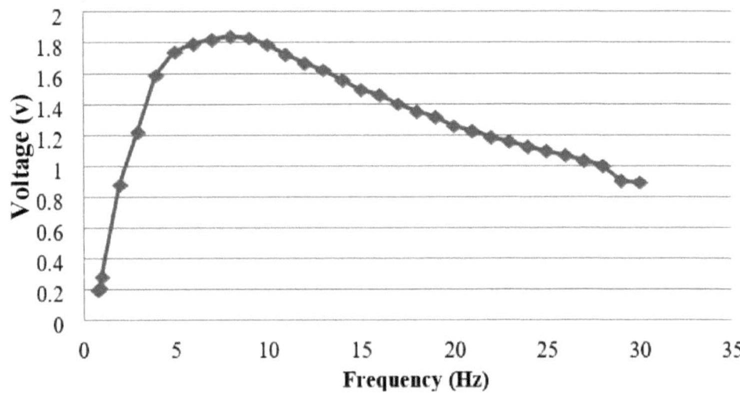

Fig. 4.3: Saída de tensão por frequência de vibração

Quando o espécime foi submetido a um agitador eletrodinâmico, verificou-se que, até 8 Hz, a tensão estava a aumentar, tendo atingido um valor máximo de 1,835 volts e começado a diminuir.

CAPÍTULO 5: CONCLUSÃO

A partir das experiências realizadas, foi demonstrado que a energia vibratória da aeronave pode ser colhida através da conversão em energia eléctrica útil que foi desperdiçada. Os materiais piezoeléctricos demonstraram ter elevadas propriedades de suporte de carga quando incorporados em forma de compósitos e uma quantidade considerável de energia mecânica vibratória pode ser convertida em energia potencial eléctrica. Isto poderia levar à recolha de energia eléctrica na sua forma pura, sem quaisquer efeitos ambientais, e a geração contínua de energia eléctrica a bordo poderia ser conseguida, o que tem sido uma área potencial de consideração da indústria da aviação.

A eletrificação de aeronaves não está a ser implementada devido ao problema do armazenamento de energia eléctrica em enormes baterias que consumirão um grande volume e o peso da aeronave aumentará, pelo que este conceito nos ajuda a ultrapassar este problema utilizando baterias estruturais de fibra de carbono que actuam como um componente estrutural e podem armazenar uma grande quantidade de energia eléctrica. Deste modo, podemos conseguir a eletrificação das aeronaves com baixo peso e elevada resistência mecânica.

No futuro, com a aplicação desta tecnologia, poderemos eliminar a utilização de petróleo e dos seus produtos na indústria da aviação, o que poderá conduzir a um sistema de transporte aéreo amigo do ambiente e reduzir 50% do peso atual dos aviões.

CAPÍTULO 6 : ÂMBITO DE APLICAÇÃO PARA O FUTURO

- Podemos utilizar a energia armazenada na fuselagem para alimentar o movimento das rodas no solo em vez da APU. Desta forma, podemos poupar uma quantidade significativa de combustível utilizado para fins de taxação.
- Quando o avião está na pista, podemos utilizar a energia da fuselagem para ligar os motores principais utilizando a energia eléctrica armazenada no solo.
- Assim, torna as operações em terra mais eficientes em termos de combustível, silenciosas e ecológicas.
- A energia eléctrica gerada continuamente será utilizada para alimentar o sistema eletrónico, como as luzes da cabina, os interruptores eléctricos, o frigorífico da aeronave e o sistema de manutenção da pressão.
- Utilizando todo o corpo da aeronave como estrutura de bateria, podemos reduzir o peso das aeronaves actuais em 30-40% e a resistência também pode ser aumentada consideravelmente.
- A eletrificação das aeronaves pode ser possível sem quaisquer compromissos e as baterias existentes podem ser substituídas no futuro, reduzindo assim o peso das aeronaves.
- Ao substituir as partes metálicas dos veículos de transporte terrestre por baterias de fibra de carbono, podemos reduzir a utilização do petróleo e dos seus produtos através da eletrificação dos veículos.
- Não só para os veículos, mas também pode ser substituído por mesas e pelo telhado da habitação, actuando então como um elemento estrutural e de armazenamento de energia eléctrica.
- Utilizando uma bateria de fibra de carbono, podemos reduzir o peso do sistema de armazenamento elétrico da aeronave.
- Produção contínua de eletricidade a bordo.
- Contínuo e auto-carregável.
- Abordagem altamente durável, fiável e limpa para a recolha de energia eléctrica.
- Redução do peso da aeronave e melhoria da autonomia e da potência da bateria.

- Estruturalmente muito forte e pode suportar cargas pesadas sem qualquer falha.

CAPÍTULO 7: ESTIMATIVA DE CUSTOS DE PROJECTOS

Quadro 7.1 Estimativa do custo total

Description	**Cost/kg or litre (in Rs)**
Piezo electric fiber (PFC-W14)	5500.00
Glass fiber	3000.00
Carbon fiber	6500.00
Epoxy	1650.00
Chemicals	3000.00
Fabrication	1500.00
Aluminium fibre weave	1000.00
Miscellaneous cost	3000.00
Total cost	**25150.00**

REFERÊNCIAS

[1] Jinquan Cheng, Guoqiang Li, 2007. Stress analyses of a smart composite pipe joint integrated with piezoelectric composite layer under torsion loading, Department of Mechanical Engineering, Louisiana State University, Baton Rouge, LA 70803, United States.

[2] Steven. R. Anton, 2011 Multifunctional Piezoelectric energy Harvesting Concept, Virginia Polytechnic Institute and State University, Journal of Intelligent Material Systems and Structures, aceite para publicação.

[3] Taylor. G.W e burns J.R., 1983. Geração de energia hidro-piezoeléctrica a partir das ondas do mar, ferroelectrics, p, 101, science direct.

[4] Srinivasan Sridharan, sujung Kim, Piezo-electric control of stiffened panels subjected to interactive buckling International journal of solid and structure, volume 46(2009) 15271538.

[5] E. L. Wong, D. M. Baechel, K. Xu, R. H. Carter, J. F. Snyder e E. D. Wetzel, Design and processing of structural composite batteries, Proc. SAMPE 2007, Baltimore, MD, EUA, junho de 2007, SAMPE.

[6] J. F. Snyder, R. H. Carter, E. D. Wetzel, Electrochemical and mechanical behavior in mechanically robust solid polymer electrolytes for use in multifunctional structural batteries, Chem. Mater., 2007.

[7] N. Shirshova, E. Greenhalgh, M. Shaffer, J. H. G. Steinke, P. Curtis e A. Bismarck, Structured multifunctional composites for power storage devices, Proc. 17th Int. Conf, on Composite Materials, ICCM17, Edimburgo, 2009.

[8] T. Carlsson, D. Ordeus e M. Wysocki, Compósitos de suporte de carga para armazenamento de energia eléctrica, SICOMP TR08-002, 2008.

[9] C. H. Hamann, A. Hamnett e W. Vielstich, Electrochemistry, 2ª edição; 2007, Weinheim, Wiley-V.

[10] Fong, R; von Sacken, U; e Dahn, J. R., 1990.

[11] Estudos de intercalação de lítio em carbonos utilizando células electroquímicas não aquosas in J. Electrochemist. Soc., 137, 2009-2013.

[12] T. Iijima, K. Suzuki, Y. Matsuda, 1995. Caraterísticas electródicas de vários materiais de carbono para baterias recarregáveis de lítio, em Synth. Met., 73, 9-20.

[13] H. Qian, A. Bismarck, E.S. Greenhalgh, G. Kalinka, M. Shaffer, 2008. Compósitos hierárquicos reforçados com fibras de grafite de nanotubos de carbono: O potencial

avaliado ao nível da fibra única em Química, Mater. 20, 1862-1869.

[14] M. A. Qidwai, J. N. Baucom, J. P. Thomas, D. M. Horner, 2005. Aplicações multifuncionais de células de bateria de polímero de lítio de película fina no Fórum de Ciência dos Materiais, 492493, 157-162.

[15] J. F. Snyder, R. H. Carter, E. L. Wong, P. A. Nguyen, K. Xu, E. H. Ngo, E. D. Wetzel, 2006. Multifunctional Structural Composite Batteries in Proceedings of SAMPE2006 Symposium and Exhibition, Dallas, TX.

[16] J. F. Snyder, R. H. Carter, E. D. Wetzel, 2007. Electrochemical and Mechanical Behavior in Mechanically Robust Solid Polymer Electrolytes for use in Multifunctional Structural Batteries in Chem. Mater. 19, 3793-3801.

[17] J. F. Snyder, E. L. Wong, C. W. Hubbard, Evaluation of Commercially Available Carbon Fibers, Fabrics, and Papers for Potential Use in Multifunctional Battery Applications, submetido a J. Electrochem. Soc.

[18] N. Takami, M. Sekino, T. Ohsaki, M. Kanda, M. Yamamoto, 2001. New Thin Lithium-Ion Batteries Using a Liquid Electrolyte with Thermal Stability, J. Power Sources, 97-98, 677-680.

[19] E. L. Won, J. F. Snyder, C. W. Hubbard, 2008. Capacidades electroquímicas de fibras estruturais de carbono, tecidos e papéis disponíveis no mercado em ARL-TR-4574.

Printed by Books on Demand GmbH, Norderstedt / Germany